工程质量安全与节能环保知识普及读本

警句箴言说安全

主审：王永成
策划：张伟民
编委：华远东　徐　栋
　　　何振宇　刘存英

中国建筑工业出版社

图书在版编目（CIP）数据

警句箴言说安全 / 王永成主审，华远东等编 . — 北京：
中国建筑工业出版社，2012.9
ISBN 978-7-112-14697-0

Ⅰ.①警… Ⅱ.①王…②华… Ⅲ.①建筑工程 — 安
全管理 — 通俗读物Ⅳ.①TU714-49

中国版本图书馆CIP数据核字（2012）第223753号

责任编辑：刘　江　范业庶
责任设计：陈　旭
责任校对：姜小莲　陈晶晶

工程质量安全与节能环保知识普及读本

警句箴言说安全

主审：王永成

策划：张伟民

编委：华远东　徐　栋

何振宇　刘存英

*

中国建筑工业出版社出版、发行（北京西郊百万庄）
各地新华书店、建筑书店经销
北京京点设计公司制版
北京方嘉彩色印刷有限责任公司印刷

*

开本：850×1168毫米　1/32　印张：2¼　字数：66千字
2012年9月第一版　2012年9月第一次印刷
定价：20.00元
ISBN 978-7-112-14697-0
（22740）

本书是工程质量安全与节能环保知识普及读本之一，对建筑安全管理、建筑安全意识、建筑安全行为等以警句箴言、歌谣谚语、词文歌赋等建筑喜闻乐见的形式进行形象生动的描述，语言活泼，图文并茂，引人入胜。是建筑工人、建筑工地安全管理人员学习安全知识的参考用书，也可作为建筑工人的培训用教材。

序言
PREFACE
警 句 箴 言 说 安 全

　　工程质量安全与节能环保知识普及读本第一本《真图实例说质量》出版后，得到了广大营房建设官兵和工程技术人员的广泛好评，获得了较好的社会反响。现在，该系列读本第二本《警句箴言说安全》即将出版发行，希望能给广大工程建设人员带来更多实实在在的益处和警示。

　　安全生产事关人民群众生命财产安全和社会稳定大局。党和国家领导人多次强调安全生产关系群众切身利益，要站在推进以改善民生为重点的社会建设的高度，坚持安全发展，强化安全生产管理和监督，有效遏制重特大安全事故，保障人民生命财产安全。面对工程领域出现的安全责任事故，如土方坍塌、脚手架倾覆、施工升降机坠落、工地火灾等事故，无不暴露出安全意识淡薄、安全监管不到位等问题，必须引起各级各单位的高度重视。

　　近年来，随着空军转型建设的加速推进，工程建设任务非常繁重。为了更好的组织安全施工，提高现场人员的安全责任意识，空军后勤部机场营房部组织编写了《警句箴言说安全》，通过通俗易懂的语言、生动诙谐的词赋，阐述了建筑施工安全生产中的注意要点，总结了建筑安全生产三字经、四字诀、五字句、七字歌，以及日常生活中的消防、触电、煤气中毒等方面安全常识及预防措施。

　　该书沿袭系列图书的一贯风格，通过警句和箴言的形式很好地把安全的重要意义、内涵和内容进行了阐述，化繁为简，更便于广大读者理解和接受。首先用说文解字的形式诠释了安全从古至今的含义和演变，用"爱、美、情、理、法"等几个字把安全的意义升华，用通俗的歌谣谚语、顺口溜和猜谜语等形式把安全用歌曲的形式唱出来。该书还自编自写和收集了大量的安全诗词，便于在各种安全宣传场合进行宣传，最后又针对安全领域经常遇到的危险情况的预防和处置手段进行了说明。全书内容实用、图文并茂，配以丰富的图片和漫画，看起来通俗易懂，是建筑安全知识普及教育的好助手。

　　该书构思巧妙、编排合理，是一本专业人员愿意看、记得住、用得上，普通官兵喜欢看、学得快、读得懂的书。该书的编写汇集了空军工程建设一线同志的经验和智慧，为广大专业人员和普通官兵搭建了普及工程安全知识的桥梁。我相信，通过《警句箴言说安全》等工程质量安全与节能环保知识普及读本系列图书的连续出版，对增强空军工程安全建设，普及官兵安全知识，提高工程管理人员的专业素质，必将起到很好的促进作用。

空军后勤部机场营房部部长

2012 年 9 月 18 日于北京

目录
CONTENTS
警 句 箴 言 说 安 全

一、说文解字话"安全"

安全：ān quán

英语：① safe；adj. 安全的。反义词：dangerous

② safety[safe;secure]：n. 不受威胁，没有危险、危害、损失

溯源

在古代汉语中，并没有"安全"一词，但"安"字却在许多场合下表达着现代汉语中"安全"的意义。例如："是故君子安而不忘危，存而不忘亡，治而不忘乱，是以身安而国家可保也。"的概念。

（《易·系辞下》)，这里的"安"是与"危"相对的，并且如同"危"表达了现代汉语的"危险"一样，"安"所表达的就是"安全"的概念。

"安全"作为现代汉语的一个基本语词，在各种现代汉语辞书中有着基本相同的解释。《现代汉语词典》对"安"字的第4个释义是："平安；安全（跟'危险'相对）"，并举出"公安"、"治安"、"转危为安"作为例词。对"安全"的解释是："没有危险；不受威胁；不出事故"。《辞海》对"安"字的第一个释义就是"安

1

全"，并在与国家安全相关的含义上举了《国策·齐策六》的一句话作为例证："今国已定，而社稷已安矣。"

释义一：平安、无危险

【出处】汉焦赣《易林·小畜之无妄》"道里夷易，"：安全无恙。

《百喻经·愿为王剃须喻》：昔者有王，有一亲信，于军阵中，殁命救王，使得安全。"

宋范仲淹《答赵元昊书》："有在大王之国者，朝廷不戮其家，安全如故。"

【示例】明无名氏《临潼斗宝》第三折："你那铺谋定计枉徒然，我救的这十七国诸侯得安全。"

巴金《军长的心》一："他衣服都烧起来了，他还忍住痛把老大娘放到安全的地方，才扑灭自己身上的火。"

释义二：保护、保全

【出处】《晋书·慕容垂载记》："孤受主上不世之恩，故欲安全长乐公，使尽众赴京师，然后修复国家之业，与秦永为邻好。"

《南史·陈纪下·后主》："隋文帝以陈氏子弟既多，恐京下为过，皆分置诸州县，每岁赐以衣服以安全之。"

【示例】宋苏轼《徐州谢上表》："察孤危之易毁，谅拙直之无他，安全陋躯，畀付善地。"

清俞樾《春在堂随笔》卷十："张氏抱子仁玉逃依母氏得免其难，虽脱巨害，向非外祖张温保养安全，其何以有今乎。"

安全是朵幸福花
大家浇灌美如画

二、安全是个什么东东？

现行国家标准《职业健康安全管理体系 要求》(GB/T 28001)对"安全"给出的定义是："免除了不可接受的损害风险的状态"。

国际组织对安全的定义：安全是一种状态，即通过持续的危险识别和风险管理过程，将人员伤害或财产损失的风险降低至并保持在可接受的水平或其以下。

怎样理解呢？

安全是社会和企业永恒的主题，安全与人们的生活和工作息息相关。《现代汉语词典》中对安全的解释为：没有危险；不受威胁；不出事故。《辞海》中对安全的解释有三层意思：平安无损害，不受危险或损害的，如安全门、安全带等；保障和平安或不出事故的，如安全条约、安全措施等。平常人们讲到的安全，通常是指各种事物对人不产生危害、不导致危险、不造成损失、不发生事故、运行正常、进展顺利等。

我们先来说说安全的特有属性。

单是没有外在威胁，并不是安全的特有属性；单是没有内在的疾患，也不是安全的特有属性。但是，包括了没有威胁和没有疾患这样内外两个方面的"没有危险"，则是安全的特有属性了。

人们经常把安全与"不受威胁"、"不出事故"等联系在一起。我们不能因此认为"不存在威胁"、"不出事故"、"不受侵害"就是安全的特有属性。安全肯定是不受威胁、不出事故、不受侵害的，但是不受威胁、不出事故、不受侵害并不一定就安全。某些不安全状态也可能有"不存在威胁"或"不受威胁"的属性。例如，当某一主体没有受到外部威胁但却因内在因素而不安全时，不受威胁便成了这种特殊情况下不安全的属性。这是一种不受威胁或没有威胁状态下的不安全。

有危险并不代表不安全，只要"危险、威胁、隐患等"在人们的可控范围内，就可以认为其是安全的。所以对于"安全"一词大家可能在理解上有一些误区或者是理解不完全，例如在工作、生活等环境中，危险是无处不在的，相信大家也能举出很多危险的例子（开车、乘飞机、操作设备等），但是不能因为这些危险的存在就说不安全，我认为：面对危险是否有对策？对策是否有效？对策是否已落实？这才是判断安全的有效方法。没有危险的安全状态几乎不存在，如果一味地追求没有危险，大家试想一下我们的工作和生活将如何进行？

基本含义

"没有危险"包括没有外在威胁和没有内在疾患两个方面。

"没有威胁"虽然不是安全的特有属性，但却是"没有危险"这一安全的特有属性必然包括的内容。事实上，从内外两个方面来看，"没有危险"包括了没有外在的危险和没有内在的危险两个方面，其中没有外在的危险就是没有外在的威胁，没有内在的危险则是没有内在的疾患。

从外在方面看，"没有威胁"由主客体（不是主客观）及其所处条件等三方面因素或原因综合决定的。

从主体上说，"没有威胁"是由于主体具有免除威胁的能力，即自身的强大或特性使某些外在因素对其不构成威胁，也就是自身免除了这方面的威胁，因而"不受威胁"。

从客体上讲，"没有威胁"是指关系对象、生存环境等客体或者由于没有威胁特定主体的能力因而不构成对主体的威胁，或者由于没有威胁特定主体的表现和行为因而不构成对主体的威胁。这都使主体处于"没有威胁"的安全状态。

在主客体关系中，有时主体并没有避免某种威胁的能力，客体也对主体表现出了不同程度的威胁，但由于处于一种特定的环境中，这种威胁根本不可能实现，主体因此也会处于一种"不受威胁"的安全状态。例如，一只老虎关在笼子里，一个人站在外面看，假定关老虎的笼子绝对安全可靠，那么虽然这个人作为主体并没有避免老虎威胁的能力，老虎也有威胁人的能力、表现和行为，但是由于安全可靠的笼子的存在，便使人避免了老虎的威胁，使人处于"不受威胁"的安全状态。这是客观条件的原因造成的主体"没有威胁"的状态。

安全所要排除的不仅包括外在的威胁，而且还包括内在的"疾患"。如肌体生病、组织内乱等等。内在"疾患"虽然不是外在威胁，但对主体来说却是危险。外在的威胁和内在的疾患，都可以归为危险。对这两个方面的全部排除便是没有危险，也便是安全。

总之，安全就是没有危险的客观状态。其中既包括外在威胁的消解，也包括内在疾患的消解。

安全是什么？对于一个家庭，安全意味着和睦；对于一个企业，安全意味着发展；对于一个国家，安全意味着强大；对于一个人，安全意味着健康，意味着生命！拥有了安全，不等于拥有一切，但没有安全就一定没有一切。对于我们人类而言，多一份遵章，就多了一份安全的筹码；多一份警醒，将拥有了一张通往安全的绿卡。没有了安全，再健康的躯体也在劫难逃，再丰厚的物质也会变得一文不值，再丰沛的精神源泉也如无本之木。安全是幸福，是快乐，是效益，是平安，是生命，更是一种珍爱生命的人生态度。

安全是一种幸福，是遵章守纪的人才能享受的幸福。懂得安全的人多，违章行事的少；按章作业的人多，违章蛮干的人少。安全会滋生幸福，幸福需要懂得安全。

安全是一种学习，是一种真心实意的学习。生活里、工作中，每个人都有优点，每个人也难免会有缺点。学会安全，就要时刻看到别人的优点，取长补短。

安全是一种态度，安全的态度要严谨。为了生产的安全，员工要做到严守《禁令》，多些认真，避免大意。以严格的要求，高度的责任感，做好一切有利于安全的工作，避免大小事故的发生。

安全是一种责任。生产行业风险无处不在。安全生产，警钟长鸣。提高安全意识，增强安全责任心，时时刻刻都要绷紧安全这根弦。懂得安全，便担负起了责任，牢记安全，珍惜生命，生活就愈开心、工作就愈快乐；快乐的工作生活便是至高无上的生活，既然掌握了无上生活的秘诀，就要学会安全。

安全是一种精神，是一种情高趣雅的精神。懂得安全，便懂得生活的真谛；懂得安全，便拥有了幸福。

安全是一种力量，是一种与时俱进、自强不息、自我奋斗的力量。

在这人海如潮滚滚红尘的现实社会中，我们最需要什么？是金钱美女，还是功名利禄？如果让我来回答，我认为：我最需要的是安全！

三、"安全"不再是"死伤"，是时尚！

　　安全是一种爱。安全的爱是父母对外出儿女永远的牵挂，是朋友寄来贺卡上的眷眷祝福，是同事带着微笑的一声问候，是陌生人邂逅时的彼此关照，安全更是一种以人为本的社会制度奏出的爱之歌。

　　安全是一种美。安全的美体现于维系安全的行为过程之中。一种规范娴熟的安全行为是美，对安全知识的熟练掌握并在实际工作中运用自如是美，在异常情况下能够运用在平常的日子里培养出的正常心态和应变能力潇洒应对突变更是美。安全的美的本质就在于能够预防灾害，进而给社会带来前进的希望和力量，并能净化人类的灵魂，增强人类的智能。

　　安全是一种情。安全的情是一种美好的感觉状态。安全的情不仅仅体现为一种美好的自尊自恋情结，亦体现为对他人个体生命的尊重，更体现为一个国家和政府对民众的拳拳之心。"为官一任，保一方平安"是情；按章操作，防患未然是情；善待自然，善待自己是情。安全的情更是平常日子里的严于律己，是灾难面前的斗智斗勇，更是灾难之后观念的更新、情感的升华、灵魂的涅槃、生命质量的提高。

　　安全是一种理。安全的理是一个社会、一个国家、一个民族用安全文化对生活方式的理性表达。重视安全，尊重生命，是先进文化的体现；忽视安全，轻视生命，是对文明社会的一种嘲讽。安全文化的形成，要靠全社会的共同努力。中华民族有着五千年的灿烂文化，进入新世纪后，必将会创造出更为先进的安全文化。

　　安全是一种法。安全的法是文明的体现，责任的体现。一个灾难重重、动荡不安的社会无疑不是一个文明的有责任感的社会。一切非安全非文明的行为都是野蛮的行为。人类已进入21世纪,野蛮和愚昧早应成为历史的陈迹。呼唤安全,呼唤文明,是人类社会发展的根本利益。在今天,无论贫富,无论职业,无论城乡,每一位公民都应尊重他人和自己的生命,都必须承担维护和保障生产与生活的安全状态的责任,否则就要受到法律的警诫与惩罚。

别抽烟　少喝酒
生产安全放心头
母子叮咛别忘记
平平安安往家走

四、警句箴言说安全

1. 建筑安全生产三字经

建筑工，责任重；三件宝，不能少；严是爱，松是害；
上班前，要记清；四道口，要清楚；保安全，利三代；
安全帽，戴头顶；九必须，要遵守；上有老，下有小；
饮酒后，应忌行；十禁止，要记牢；出了事，不得了；
疲劳班，莫硬撑。不违章，有保障。一人灾，全家难。
进工地，眼要明；夏伏天，防中暑；远在外，亲情牵；
朝天钉，捡边扔；冬九天，防滑冻；妻儿女，挂心间；
坠物处，要绕行；危险处，多慎重；喊爸爸，叫妈妈；
防扎钉，防坠物；不蛮干，不急躁；多亲热，多美满；
保安全，把钱挣。勤分析，不侥幸。一人安，全家福。

高架上，小心走；六月份，安全月；你陕西，他湖南；
安全带，随身行；广宣传，守规章；来灵宝，建金源；
抛物件，要看清；生可贵，命无价；不违章，不冒险；
没有人，才能扔；不伤己，不伤人；爱生命，要安全；
唯有此，才轻松。防伤己，要做到。奔小康，苦亦甜。

2. 建筑安全管理四字诀

安全第一，警钟长鸣。安全第一，人人牢记。
安全生产，齐抓共管。生产大上，安全不忘。
千里之堤，溃于蚁穴。一人安全，全家幸福。

一人违章，众人遭殃。疏忽一时，痛苦一世。

大事化小，教训难找。小事化了，后患不少。

多看一眼，安全保险。多防一步，少出事故。

居安思危，常备不懈。小洞不补，大洞难堵。

隐患潜伏，事故难除。安危相易，祸福相生。

事业发展，安全第一。堤溃蚁穴，气泄针芒。

光喊不动，实在无用。动手预防，隐患难藏。

安全教育，声情并举。生动活泼，入情入理。

正反典型，解剖分析。深入浅出，易学易记。

酒后工作，必生大祸。流动吸烟，火光冲天。

冬季一到，风大物燥。积尘自燃，防火重要。

安全管理，处处要严。一丝不苟，不讲情面。

勤查勤俭，消除隐患。常抓不懈，防微杜渐。

放眼全局，突出重点。千头万绪，安全在先。

教育为本，防患未然。脚踏实地，稳定发展。

一时疏忽，必出事故。疏忽大意，灾祸之源。

进入现场，集中思想。生产工作，勿忘安全。

平安是金，步步小心。

我不伤我，你不伤你。你不伤我，我不伤你。
自己保安，不可轻视。相互保安，人人受益。
人在工地，心在别处。不用打赌，准出事故。
生产是花，安全是根。要想花美，必须强根。
违反规程，祸不单行。措施到位，安而无危。
三违不反，事故难免。严格执章，行为高尚。
安全规程，庄严神圣。贴在墙上，牢记心中。
不折不扣，坚决执行。融进血液，化为行动。
贯彻规程，先靠领导。落实规程，要靠自保。
执行规程，心诚则灵。干群努力，安全共保。
安全意识，不可淡化。安全思想，不可放松。
安全教育，不可中断。安全防范，不可忽视。
无证驾驶，危及生命。酒后开车，后患无穷。
特殊工种，特别要求。无证作业，事故头出。
溜子皮带，蹬坐危险。出了事故，后悔已晚。
干啥工作，别耍大胆。坚持规程，保你平安。
停电作业，勿忘验电。违章生险，遵纪则安。
忽视安全，如履薄冰。一时侥幸，终酿大祸。
生产再忙，安全不忘。

安全重于泰山

3．建筑安全意识五字句

小小安全带，情系千万家。高空作业时，千万扎牢它。
麻痹和大意，害人又害己。事故如虎狼，它在暗中藏。
一时不注意，它就把人伤。
工地多设备，用电要注意。时时都谨慎，安全皆欢喜。
检查维护细，隐患无阵地。事故如恶鬼，规程是钟馗。
小心无大错，粗心酿大祸。
严细又认真，安全根基深。系好安全带，免得缠绷带。
戴上安全帽，安全有依靠。系上安全带，生命有依赖。
有安才有全，无安全没有。
事故是幽灵，时时要清醒。事故是暗箭，安全是盾牌。
工作一马虎，就会出事故。国家受损失，个人受痛苦。
事故不难防，重在守规章。
家以和为贵，业以安为本。加强纪律性；安全有保证。
戴上安全帽，心要想安全。精神不分散，操作保安全。
要想事故少，设备维护好。
心中有规程，行动有准绳。只要照着做，安全有保证。
安全是生命，冒险是拼命，违章是玩命，蛮干不要命。
安全你、我、他，情系千万家。
人人讲安全，事事为安全。时时想安全、处处保安全。
班前讲安全，思想添根弦。班中讲安全，操作保平安。
班后讲安全，警钟鸣不断。
安全人人抓，幸福千万家。幸福是棵树，安全是沃土。
技术不过夜，安全难保证。生产大合唱，安全第一章。
纪律松了绑，事故逞凶狂。
气泄于针孔，祸始于违章。家有贤内助，上班少事故。
安全在心中，时刻敲警钟。经验有优劣，规程作鉴别。
真经验救命，假经验流血。

庄稼怕天旱，工作怕蛮干。蛮干出事故，后悔已迟晚。

工作千条线，安全一针穿。警钟鸣不断，人人保平安。

安全家家乐，事故人人忧。

班后比安全，警钟常回旋。工地有隐患，怕在无防范。

狼咬离群羊，祸找违章人。警钟常鸣响，安全天天讲。

疏忽一瞬间，事故把空钻。

上班前喝酒，事故随时有。防患于未然，才能保安全。

干活前交底，规程记心中。隐患不处理，害人又害己。

幸福是棵树，安全是根基。

与电打交道，安全是首要。停电必验电，地线要接好。

措施要齐全，考虑要周到。

马虎是大敌，"凑合"切不要。工作不在乎，拿命开玩笑。

外线作业时，要戴安全帽。绑好安全带，防坠更可靠。

杆下不停留，小心器材掉。监护要认真，责任要尽到。

思想要集中，杂念要除掉。

年年保安全，家家皆欢笑。安全在心间，美满在明天。

规程要学会，守规不能忘。隐患要查出，苗头不能放。

教训要记取，安全意识强。

小心无大错，粗心酿大祸。安全人人抓，幸福千万家。

醉意进工地，祸害带回家。安全记心间，事故难沾边。

企业增效益，安全是前提。上班不喝酒，工作精神抖。

隐患不放过，年终当能手。

效益要提高，安全最重要。小小安全帽，生命保护罩。

全体齐动员，一起抓安全。要想效益好，安全不可少。

安全心中想，工作守规章。

效益是大厦，安全是基石。忧患非忧天、预防保安全。

安全出效益；安全出速度。安全出美满，安全出甜蜜。

宁走十步远，不走一步险。

安全靠自己，行为要规范。安全铁面人，关怀胜亲人。

想当老好人，最终害死人。宁操百倍心，不冒半分险。

安全是效益，质量是财源。

拿猫当虎斗，事故无门路。安全抓得严，职工生活甜。

安全抓得细，职工都受益。生活甜蜜蜜，安全是根基。

险前一句话，保己又保家。

知险不成险，险在不知险。要想不出险，常常想危险。

质量和进度，安全是法宝。效益和家庭，二者不可少。

要把效益争，安全是保证。

隐患事故多，效益一场空。警惕安全在，麻痹事故来。

隐患不消除，事故难堵住。预则危转安，不预险成灾。

制度松条缝，事故就钻空。

一人出事故，殃及全家人。众人保安全，幸福千万家。

班前喝大酒，事故跟你走。班中睡大觉，事故把你找。

"三违"是大敌，人人要注意。

时时不能松，天天要警惕。生产想安全，质量要把关。

隐患要排除，操作不蛮干。工地勿吸烟，制度莫违反。

工程质量差，等于埋隐患。

为了你我他，请君要保安。班前不喝酒，上班不带烟。
家中不赌博，班中不冒险。安全保生产，全家得美满。
亲人等着你，下班来团聚。
工程到最后，千万别着急。安全人人讲，三违人人抓。
人人保安全，不分你我他。一人违了章，大家都遭殃。
互相来监督，安全放心上。
安全你一人，幸福全家人。出门来干活，家人心挂牵。
勿忘妻儿情，把住安全关。安全与生产，相辅又相承。
生产要安全，安全再生产。
警惕安全在，麻痹事故升。班前莫喝酒，精力要集中。
眼观六路事，耳听八面风。切忌耍大胆，遵章守规程。
妻娘盼你归，月圆乐融融。
心急莫心慌，安全记心上。别为抢时间，却把安全忘。
时刻不能松，天天要警惕。喜庆佳节时，更莫忘安全。
质量标准化，安全创水平。

4. 建筑安全行为七字歌

设备变潮易起火，过载发热酿大祸。全神贯注差错少，马虎大意事故多。

熟读规程千万遍，恰如卫士身边站。居安思危年年乐，警钟长鸣岁岁欢。

反违章铁面无私，查隐患寻根究底。设备巡视莫粗心，运行 操作要认真。

上班前推杯换盏，上班后天旋地转。出事故手忙脚乱，酿苦酒辛酸难咽。

执行"安规"不认真，等于疾病染上身。黄泉路上无老少，屡屡违章先报到。

安全第一忘不得，违章作业干不得。侥幸心理有不得，盲目操作了不得。

安全树上开新花，栽培全靠你我他。不讲卫生要生病，不讲安全要送命。

安全规程是真经，"规章制度"血写成。万丈高楼平地起，安全教育是根基。

高空作业最危险，安全绳扣系腰间。上下传递物和件，不可乱抛用绳牵。

既稳又准还可靠，空中地上都安全。生与死和安与危，安全生产靠法规。

出事不能弯弯绕，"三不放过"要记牢。安全第一要牢记，不可粗心和大意。

工作之中守纪律，万勿违章和违纪。安全帽真是个宝，现场作业离不了。

一人把关一处安，众人把关稳如山。违章违纪不去抓，害人害己害国家。

居安思危险不至，麻痹大意祸降临。规章制度天天讲，安全生产时时抓。

烟头虽小是火源，乱丢烟头有危险。条条规程血写成，人人作业必执行。

酒后开车事故多，迷迷糊糊凶阎罗。船到江心补漏迟，事故临头后悔晚。

苍蝇不叮无缝蛋，事故专找大意人。灾害常生于疏忽，祸患多起于粗心。

见了违章严批评，道是无情却有情。安全靠我们创造，我们靠安全生存。

镜子不擦拭不明，事故不分析不清。事故教训是镜子，安全经验是明灯。

安全技术不学习，遇到事故干着急。平时多练基本功，安全生产显神通。

安全工作时时抓，事故消灭在萌芽。精心操作细检查，消灭事故在萌芽。

安全工作严是爱，处理事故松是害。严格要求安全在，松松垮垮事故来。

安全警钟天天敲，事故苗子人人拔。"要我安全"是爱护，"我要安全"是觉悟。

违章行为不狠抓，害人害己害国家。你对违章讲人情，事故对你不留情。

安全是生产之本，违章是事故之源。人人把好安全关，处处设防漏洞少。

安全第一记心头，生产一步一层楼。重视安全硕果来，忽视安全遭祸害。

快刀不磨会生锈，安全不抓出纰漏。平时有张"婆婆嘴"，胜过事后"妈妈心"。

唠唠叨叨为你好，千叮万嘱事故少。秤砣不大压千斤，安全帽小救人命。

安全是朵幸福花，众人浇灌美如画。上有老，下有小，出了事故不得了。

严是爱，松是害，搞好安全利三代。麻痹与痛苦共存，幸福与安全同在。

安全好，烦恼少，全家幸福乐陶陶。见火不救火烧身，有章不循祸缠身。

不怕虎生千只眼，只怕人有麻痹心。亡羊补牢犹未晚，何如防患于未然。

千方百计抓安全，群策群力防事故。下了班，早回家，免得亲人肠牵挂。

不只生产出效益，保证安全也生财。千日防险不出险，一朝大意事故来。

莫道违章是小事，事故教训血斑斑。重视安全硕果来，忽视安全遭祸害。

铲除杂草要趁小，整改隐患要赶早。杂草丛生庄稼少，险象环生事故多。

语言尖刻比蜜甜，幸福莫忘安全员。安全工作时时想，胜过领导天天讲。

违章作业根挖掉，安全工作才可靠。头脑不能存侥幸，行动不可随意性。

上岗安全忘一旁，好比身后藏只狼。作业之中忌嬉闹，分散精力事故冒。

小病不治成大疾，隐患不除出事故。安全措施要做细，疏忽大意出问题。

要你遵章为你好，不该反感发牢骚。安全连着千万家，职工家属也要抓。

除净暗礁好行船，事故防患于未然。安全不是口头禅，时时事事记心间。

遵章守法细操作，落实就在每一天。安全生产要牢记，事故教训要吸取。

警钟长鸣记心里，杜绝违章和违纪。到处都是可燃物，留下火种再进去。

预防为主事故少，确保安全人人想。安全帽一边扔，头部上面打"补丁"。

施工现场运输道，车辆往来特繁忙。跨过道路两边瞧，不能停留和闲聊。

楼梯平台升降口；栏杆护板必须有。详查原因摆危害，头脑当中找隐患。

有章不循想当然，思想麻痹是根源。违章作业是祸根，事故悔恨教训深。

莽撞者绝非勇士，谨慎者不是懦夫。安全培训不认真，遇有情况就发懵。

安全第一天天讲，事故隐患常预想。黄金有价人无价，人身安全事最大。

感情深，一口闷，酒后上班头发昏。上班之前不喝酒，相互提醒够朋友。

上班之前酒不沾，提防事故把空钻。头脑清醒反应快，事故见你就溜边。

安全第一要牢记，时时处处要注意。矿山事故是灾难，安全生产出效益。

巡回检查要做好，免得出事做检讨。登高扎好安全带，献给亲人一份爱。

敬奉安全座右铭，终生幸福乐无穷。违章作业接死神，严守规程除祸根。

安全考试不能抄，你抄我抄最糟糕。上班天天想安全，在岗时时为安全。

5. 建筑安全教育八字训

安全是最大的节约，事故是极大的浪费。遵章是幸福的保障，违纪是灾害的开端。

与其事后痛哭流涕，不如事前遵章守纪。遵章是安全的先导，违章是事故的预兆。

　　安全第一贵在行动,预防为主从我做起。安全来自长期警惕,事故源于瞬间麻痹。

　　宁可千日常抓不懈,不可一时粗心大意。遵守"安规"阳光大道,违章作业险路一条。

　　太太平平万家康乐,安安顺顺事业腾飞。安全是幸福的桥梁,事故是痛苦的深渊。

　　只有绷紧安全之弦,才能弹奏幸福之音。侥幸心理糊弄自己,不怕"一万"就怕"万一"。

　　检查隐患横眉冷对,杜绝事故笑逐颜开。一念之差后悔一世,执行规程幸福终生。

　　安全的本质是生命,安全的意义是效益。安全的精神是责任,安全的方针是第一。

　　听天由命事故连连,把握规律安全百年。安全规程字字是血,严格执行句句是歌。

　　安全第一警钟长鸣,疏忽一时悔恨终生。麻痹是最大的隐患,失职是最大的祸根。

　　不立规矩不成方圆,不守规章难保安全。安全作业有备无患,胡干蛮干必生灾难。

　　生命在于不停运动,安全在于常抓不懈。安全意识自觉增强,执行规章牢记心上。

骄傲是失败的起点，麻痹是丧生的根源。违章难免"英雄气短"，保安方可"儿女情长"。

工人是企业的主人，安全是工人的生命。侥幸成功不是经验，冒险蛮干不是勇敢。

勤政是安全的前提，敬业是安全的保障。质量是安全的保证，安全是生产的基础。

生产是可喜的收获，安全是金色的种子。安全不抓等于自杀，隐患不除等于服毒。

安全在于时刻警惕，事故出于瞬间大意。

规程可能"三言两语"，落实不能"三心二意"。

劳保用品"常备不懈"，遵章守纪，"长年累月"。

安全措施"按兵不动"，安全隐患"暗箭伤人"。

安全意识"得过且过"，危险隐患"得寸进尺"。

千起事故源于侥幸，万般痛苦皆因麻痹。抓安全需一分一秒，反麻痹需警钟长鸣。

违章作业如同自杀，违章指挥就是害人，违章不纠犹如帮凶。

自主保安处处留心，相互保安人人关心。自主保安重在自觉，相互保安贵在互爱。

安全不仅关系自己，安全连同国家集体，安全连着亲戚朋友，安全连着妻子儿女。

质量是企业的生命，安全是生产的保证。对待隐患需要警惕，不怕一万就怕万一。

万一麻痹就遭祸殃，后果严重追悔莫及。抓安全宁流千滴汗，保生产不洒一滴血。

十起事故九起违章，三令五申常抓常讲

五、歌谣谚语唱安全

1. 忽视安全的 20 种人——你会是其中的一种吗？

(1) 初来乍到的新工人
(2) 不懂规章的糊涂人
(3) 冒冒失失的莽撞人
(4) 吊儿郎当的马虎人
(5) 冒险蛮干的粗暴人
(6) 满不在乎的粗心人
(7) 心存侥幸的麻痹人
(8) 心中有事的忧患人
(9) 凑凑合合的懒惰人
(10) 投机取巧的漂浮人
(11) 不求上进的抛锚人
(12) 受了委屈的气愤人
(13) 急于求成的草率人
(14) 心绪不宁的烦心人
(15) 好大喜功的年轻人
(16) 心余力亏的老年人
(17) 手忙脚乱的急性人
(18) 变换工种的隔行人
(19) 因循守旧的固执人
(20) 大喜大悲的异常人

2. 打油诗：我是一个建筑郎

嫁汉不嫁建筑郎，一年四季到处忙，
春夏秋冬不见面，回家一包烂衣裳！
我是一个建筑郎，背井离乡在外闯，
白天累得腿发软，晚上仍为资料忙；
铁鞋踏破路还长，测量仪器肩上扛，
晴天烈日照身上，雨天泥地印两行；
思乡痛苦心里藏，四海漂泊习为常，
长年累月在外奔，不能回家陪爹娘，
终身大事无心管，亲戚朋友催喜糖，
心中有苦说不出，回答只能笑来搪；
工资一点泪成行，怎能买起商品房，
压力大得气难喘，前途在哪路迷茫；
恋人分别各一方，妹盼大哥早还乡，
相思之苦妹难咽，距离拉得爱情黄；
好女不嫁建筑郎，一年四季守空房，
家中琐事无暇想，内心愧对爹和娘；
朦胧月色撒地上，兄弟把酒聚一堂，
后悔走上这条路，同舟共济把帆扬。
表面风光，内心彷徨，
容颜未老，心已沧桑。
成就难有，郁闷经常，
比骡子累，比蚂蚁忙。

3. 顺口溜——安全"十八点"

安全检查细一点，隐患查改早一点；
两纪一化严一点，安全投入多一点；
安全教育活一点，质量检查高一点；
安全预测周全点，布置工作多想点；
设备维修精一点，岗位练兵实一点；
安全警钟常敲点，安全之弦绷紧点；
问题发现及时点，处理问题果断点；
事故原因查清点，批评教育客观点；
责任人人多尽点，事故就会少一点。

4. 别样的安全歌

安全第一，预防为主，综合治理。　　国策。
施工现场，交叉作业，文明施工。　　重要。
高处作业，加强防护，思想集中。　　稳当。
"临边洞口"，设置围栏，悬挂警示。　　注意。
起重吊装，合理使用，正确操作。　　起钩。
治理隐患，防范事故，不留死角。　　夯实。
我的生活，我的工作，我的安全。　　都要。

5. 安全谚语集萃

多想一下，免得出错；多防一步，少出事故。
多看一眼，有惊无险；安全放松，人财两空。
气泻于针孔，祸始于违章。
事故不难防，重在守规章。
思想松一松，事故攻一攻。

安全人人抓，幸福千万家，安全两天敌，违章和麻痹。

绳子断在细处，事故出在松处。

检查走马观花，事故遍地开花。

落实一项措施，胜过十句口号。

祈求别人关爱，不如自我保护。

安全来于警惕，事故出自麻痹，
巧干带来安全，蛮干招来祸端。

工程质量是根，经济效益是本，
文明施工是脸，安全生产是命。

安全生产勿侥幸，违章蛮干要人命。

要想生产走在前，安全肯定是关键，
要想生产打胜仗，安全规章是保证。

安全二字值千金，疏忽大意悔终身。

文明施工出效益，安全生产创水平。

烟蒂虽小是火种，劝君切莫到处栽。

上班不是逛公园，劳保用品穿戴全。

铲除杂草要趁小，整改隐患要趁早。

秤砣不大压千金，安全帽小救人命。

施工忘了保安全，等于不握方向盘。
保安全千日不足，出事故一日有余。
建高楼靠打基础，保安全靠抓班组。
制度严格漏洞少，措施得力安全好。
安全多下及时雨，教育少放马后炮。
快刀不磨要生锈，安全不抓出纰漏。
眼睛容不下一粒沙土，安全来不得半点马虎。
安全是遵章者的光荣花，事故是违章者的耻辱碑。
安全与效益是亲密姐妹，事故与损失是孪生兄弟。
绳子总在磨损的地方折断，事故常在薄弱的环节发生。

6. 安全谜语猜

（1）阖家康泰 （劳动保护工作用语，四字）
　　安全第一
（2）御林军 （劳动保护工作用语，四字）
　　预防为主
（3）哪能什么都制造 （劳动保护工作用语，四字）
　　安全生产
（4）体检 （安全用语，三字）
　　查隐患
（5）死亡率大减 （《渴望》歌词一句）
　　事故不多
（6）再三求救 （女职工劳动保护用语，四字）
　　五期保
　　（注释：月经期、怀孕期、产褥期、哺乳期、更年期）
（7）姑娘驾驶着清洁车 （术语一，四字）
　　职业卫生
（8）集体脱离虎口 （职务名，三字）
　　安全员

（9）高高兴兴上班　平平安安回家　（六字常言）

　　　来无踪去无影（去无踪来无影）

（10）纠正违章　（《后出师表》一句）

　　　危然后安（欲以不危而定之）

（11）禁止喧哗　（职业卫生用语，四字）

　　　噪声控制（控制噪声、消除噪声、管道噪声）

（12）保持勤俭作风　（劳动保护工作用语，三字简称）

　　　维简费

（13）太平门差点再出错　（劳动防护用品，三字）

　　　安全网

（14）居于安全之家　（成语，四字）

　　　在所难免

（15）建筑现场该装什么就装什么　（荣誉称号）

　　　安全工地

（16）仙女下凡 （职业卫生用语，二字）
　　　降尘（飘尘）

（17）广开言路 （交通安全用语）
　　　各行其道

（18）常带舒肝顺气丸 （四字消防用语）
　　　防火设备

（19）卧铺防护带 （六字防护设施）
　　　车床安全装置（车床限位装置、车床安全设备）

（20）引爆前一定要小心 （字一）
　　　灯

（21）钱塘筑坝 （安全用语，二字）
　　　防潮

（22）郑 （防护用品，二字）
　　　耳塞

（23）严禁制造伪劣品 （女职工劳动保护名词，三字）

休产假

（24）凳子一律改坐椅 （劳动保护工作用语，四字）

安全可靠

（25）制怒 （消防名调）

防火

（26）结交酒肉朋友 （四字电工用语）

接触不良

（27）终生寒暑光五指 （防护用品）

绝缘手套

（28）遗弃女婴儿离散 （职业卫生量词）

分贝

（29）打得鸳鸯各一方 （三字电工用品）

绝缘棒

（30）在上海碰头 （化学毒物名）

砷

（31）收音机 （职业卫生设备）
　　消声器

（32）斗室不闻窗外事 （职业卫生设施）
　　隔声间

（33）熟读唐诗三百首 （职业卫生用语）
　　自然通风

（34）鸡犬之声相闻　老死不相往来 （电工名词二）
　　短路、绝缘

（35）回 （防护用品）
　　口罩

（36）曹孟德马踏育苗 （安全管理用语，四字）
　　违章操作

（37）乱弹琴 （安全管理用语，四字）
　　违章指挥

（38）表壳 （防护用品）
　　面罩

（39）和平街 （矿井用语）
　　巷道安全（安全巷、安全道、安全巷道）

（40）夏练三伏 （劳动保护工作用语）
　　高温作业（高温操作）

（41）奴婢殉葬 （贬称谓，四字）
　　事故大王

（42）开快车，心不安 （《水浒》人名）
　　徐宁

（43）火烧草料场，林冲难脱身 （电工安全用语）
　　高压危险

（44）安全第一 （发型）
　　平头

（45）怒发冲冠 （消防术语，二字）
　　火势

(46) 引火烧身　（消防术语，二字）
　　　自燃

(47) 棋室开电扇　（劳动保护用语）
　　　局部送风（局部通风）

(48) 环境卫生好　人心才欢畅　（电影演员二）
　　　周洁、方舒

(49) 扑克上面做记号　（安全设施）
　　　标志牌（标示牌）

(50) 鸦雀无声　（电工安全用语）
　　　静电放电

(51) 足（电工安全用品）
　　　脚扣

(52) 他人发言不许插话　（交通安全用语）
　　　禁止抢道（严禁抢道）

(53) 淫秽录相似毒箭　（职业卫生用语）
　　　放射性污染

(54) 巧妇当家，人民做主　（劳动保护，二字）
　　　安全

（55）千里姻缘一线牵　举觞鼓角人靠边
　　　（劳动保护术语，二字）
　　　重伤

（56）画古鲸化石　（现代安全管理术语，三字）
　　　鱼刺图

（57）错将古风当曹诗　（安全管理用语，三字）
　　　误操作

（58）日落西山悬崖后　中秋之夜商贾忙　（职业病）
　　　矽肺

（59）朱门肉食宴，谷仓米成丝　（锅炉安全术语，二字）
　　　腐蚀

（60）文言文章声声入耳　双木成字莫猜是林
　　　（现代安全管理术语，三字）
　　　故障树

（61）归家拒之门外边　进门你我各一半　（锅炉设备）
　　　止回阀（阻回阀）

（62）河水清且涟漪　（职企卫生术语）
　　　微波

（63）诗曰："二之日凿冰冲冲　三之日纳于凌阴"。
　　　防暑　（劳动保护工作用语，二字）

（64）根治废水废气废渣　（京剧目一）
　　　除三害

（65）焊工须戴防护镜　（三字俗语）
　　　小心眼

（66）怒则伤身　（职业卫生用词，四字）
　　　有害气体

（67）王储争位动干戈　（建筑安全设施，三字）
　　　脚手架（龙门架）

（68）天开红日出　（职企卫生用语，四字）
　　　人工照明

（69）林则徐禁鸦片 （职业卫生用语）
　　　消烟（除烟、消除烟害、清除烟害）

（70）禁止烟火　闲人免进 （字一）
　　　日（晚）

（71）烟火熄灭才放心 （字一）
　　　恩

（72）小心一点方安全 （字一）
　　　惊（时）

（73）阀门关掉人再走 （字一）
　　　戈

（74）宁停三分　不抢一秒 （人事用语二）
　　　开会、出差

（75）另起炉灶 （消防用词）
　　　易燃（再生火）

（76）1999 年 10 月 1 日 （油田名）
　　　大庆

（77）侧耳听 · 方　细雨丝丝落 （安全工程用语，二字）
　　　防雷（防水）

（78）分到新房入保险 （成语）
　　　居安思危

（79）疾患缠身不离岗 （三字劳动保护名词）
　　　职业病

（80）杜十娘怒沉百宝箱 （保险名词）
　　　投保人

（81）道歉 （保险术语）
　　　理赔

（82）疏于防范 （保险用语）
　　　自然灾害

（83）玉体无恙 （保险名词）
国内保险（国内人身保险）

（84）卷我屋上三重茅 （保险用语）
风险

（85）罢黜主将 （保险术语）
费率

（86）救民于水火之中 （保险名词）
保险人

（87）句 （保险用语，四字）
局部损失

（88）内当家 （保险用语，四字）
除外责任

（89）守护地下宝藏 （保险术语）
保险基金（保险储金）

（90）注射疫苗 （五字成语）
防患于未然

（91）待儿归来分寿糕 （焊接工艺术语，五字）
等离子切割

（92）军事密码 （施工用语）
安全信号

（93）开峻岭为坦途 （安全成语）
化险为夷

六、词文诗赋赞安全

1. 我是一名光荣的安全员

安全员，保安全，安全重担挑在肩，
国家财产要保护，职工安危要照管。
现场状况要熟悉，生产秩序要顾全，
有时动脑出主意，有时动手亲自干；
有时动嘴做指导，有时动情搞宣传；
八个小时满负荷，一心一意保安全。
安全员，把关严，一丝不苟守三关，
班前关，班中关，下班之前又一关。
班前关，人人过，劳保穿戴是否全；
班中关，下现场，事故苗头早发现；
下班之前细检查，要为下班创条件；
过好三关也不易，尽职尽责是关键。

都是违章作业害了我！

安全员，不怕难，越有难处越向前，
深入现场摸规律，闯开禁区除隐患。
哪里事故需处理，哪里有我身影现；
别人要上不放心，亲自处理才坦然；
坚信条件靠创造，危险方能变安全；
一年三百六十天，难里险里作奉献。

安全员，最认真，尺是尺来寸归寸，
火眼金睛查隐患，大大小小都吃准。
查出隐患不放过，透过现象将根寻；
马虎与我死对头，糊弄和我无缘分；
月末统计报数字，实打实凿个个准；
对待成绩不虚夸，暴露问题不违心。

安全员，不懈怠，严格是爱松是害，
落实规章必严格，一字一句不容改。
如果小事若原谅，迟早就会遭大灾；
亲者违纪若迁就，谁还对你肯信赖；
自己若是不检点，教育别人口难开；
严格就要严始终，严格就要做表率；
严是爱，松是害，有严才有安全在。

上班不是逛公园护品护具戴齐全

2．安全之声

安全是企业生产的管理目标，
安全是行业管理的具体落实，
安全是国家监察的贯彻落实，
安全是群众监督的综合治理，
安全是抓住机遇的拓宽，
安全是改革开放的探索，
安全是促进发展的追求，
安全是保持稳定的拼搏，
安全是寒冷时温暖的小屋，
安全是疲惫时惬意的梦境，
安全是惊涛骇浪时宁静的港湾，
安全是久旱无雨时不歇的源泉，
尊重安全就等于珍惜生命，
珍惜生命就等于尊重安全的价值，
在安全中生产、劳动、工作，
安全在你我他生命的旅程中。

3．安全帽是你的保护神

我是帽世界中极其普通的一员。

不知为什么人类好像总喜欢别人戴高帽似的，

在我头上加了"安全"。或许是因为我的伟大事业是保护人类的安全吧。

你看那城乡道路上，那建筑第一线上，随时都可以见到我的踪影。人类的命运自己可以把握，而我的命运呢？无论人类是尊重我还是鄙视我，我的命都是苦啊！

安全是一顶橘红色的安全帽，像一把伞，呵护伞下灿烂的笑脸，拒挡天有不测的风雨。

安全是一双粗笨的劳保鞋，似一条路，铿锵人生踏实的步履，应和机器高亢的旋律。

安全是一身厚重的白帆布工装，执着炉火熊熊的事业，书写拼搏奉献的豪情，英武汗水滚烫的身躯。

安全的主题是班前会上一次次严肃的老生常谈。

安全的巡视是监察员们一回回真诚的苦口婆心。

安全的警示是操作规程里一句句无声的警钟长鸣。

对于家庭来说：安全是最大的幸福，是高高兴兴上班后平平安安的归来，以及归来后的父母床前儿女膝下的天伦之乐……

对于企业来说：安全是最大的效益，是企业发展的助推器，事业兴旺的新动力，以及这种动力下铸就的辉煌与蓬勃……

对于社会来说：安全是最大的稳定，是共和国大厦的一块基石一根巨柱，构筑起中华民族的伟大复兴……

"防患胜于救灾，责任重于泰山！"让我们时刻绷紧安全这根弦，为了你我的明天，为了我们共同的未来。

4．安全的心

安全，一个人类生存永远的话题。

每次提起笔来，总是会有一种无从下手的感觉。类似的文章虽然已经写过很多篇幅，用过很多笔墨，然而每当将我思想的音符完全铺展于"安全"这一激扬的旋律之上，我依然能够清晰地感受到思想深处的那份令自己悚然而立的庄重、肃意。我依然可以真真切切的品味到已经淀积于心底的那份无法淡去的沉重的敬畏。试问，在人类文化几千年的发展史中，又有哪一个词语可以如此强烈地冲击着人类生命意识发展的潮音呢？又有哪一件事情能够如此郑重其事的吸引着全人类去不遗余力的，自发的，毫无保留的投入自己的全部热情呢？

每每提及安全，很多时候我们心头所掠过的总会是一些鲜血淋漓、哀嚎震天的场面。应当说，面对这一幕幕惨恻悲烈的镜头，我们心中所涌现最多的是这一个个原本鲜活、真切的生命之星的骤然跌落所带来的那份落寞与凄凉。我们会悲伤，为那一个个原本陌生却曾经美丽的生命的凋零。而此刻，我们心中所无法隐去的则是那份生命漂落后的永远的无奈，是那份生

命流逝之后所划出的血痕引发的长长的思考，是对于那原本充满着刚性与韧性的生命的如此憔悴与不堪一击的疑惑与不甘。那么，我们又能做些什么呢？去用全部的热情与忠贞保卫我们可爱的生命，去用我们所有的心意珍惜我们这匆匆而去的人世之旅，去用我们最为简单的责任呵护我们生命最起码的尊严。

　　每至岁末，我们已经习惯了总结。总结生活，总结工作，总结过去一年当中我们所有的得失喜怒。而每当这时，我常常会想起一个叫做"亡羊补牢"的古老故事。在我的儿时，在我第一次从课本上听到了这个故事时，我的心中是充满着一种嘲笑，一种鄙夷的，真的，对那个虽知羊已亡却依旧执着补牢的农人的憨厚与无知的做法的轻视。而今天，时过境迁，当我们已经在岁月的洪流中读懂了生活，理解了人生时，那份儿时的鄙意，早已在人世的浮华中穿梭成一份深深的敬意，为了农人的那份憨憨的执着，为了农人那份痛后即醒的觉悟与认识。而今天，在我们的各行各业中，在我们常抓不懈的安全工作中，不正需要这样一种永远执着的，不屈不挠的"亡羊补牢"的精神吗？

5. 擦亮安全的眼睛

　　"眼睛是心灵的窗户"。以前，曾看过三毛的一篇文章，是讲述她在德国的一段经历：她遇上一名男子，而那人的眼睛就像井水一样深邃清澈，她被深深地吸引住了……从那时起，我和别人交谈时就特别爱看对方的眼睛，深沉的眼睛，能使人在愉悦的同时，会产生出一种安全感。

　　五官之中，我最爱我的眼睛。上初中时，我的眼睛很好，很明亮。老师常对我们说，要爱惜自己的眼睛，一个人的心灵是否美好，有时看看他的眼睛就知道了。老师的话虽然记住了，但为了考上一中，我已顾不得许多：上学路上看书，昏暗的灯光下写数学题……最终的结果是踏进了一中的门槛，但从此却开始戴上了眼镜。

随着年龄的增长，我越来越后悔当初不知道爱惜自己的眼睛。那双漂亮的大眼睛被冷冰冰的镜片所遮挡，该是怎样的痛苦，怎样的不幸！人生之中，有好多事情等到发生了，才知道什么叫做悔不当初。

爱惜生命，关爱自身，这应该是人世间最基本的爱啊。可是在工作与生活中，常常会看到有些人不注意安全细节，不注意爱惜自己的身体，侥幸平安则罢，一旦发生意外，痛苦与悔恨则会伴随终生。正如戴上眼镜是很不舒服的，同样，身体的其他器官若受到伤害，也会感觉很差。

爱自己，就要注意安全，让自己身体的每一部分都得到保护。不要因为一时的麻痹大意，因为片刻的侥幸心理，而去造成终身的遗憾！

累了，可以去休息；生病了，可以去吃药；近视了，可以戴上眼镜；可如果肢体残废了，又或者失去了生命，那又该如何去弥补？

聪明的你告诉我：为了更好地爱护自己，我们是不是应该擦亮安全的眼睛，是不是应该时时刻刻谨记安全？

6. 只有安全才吉祥

迎新年喜洋洋，乔迁新居娶新娘。
盛世欢歌醉人心，安全生产不能忘。
要使日子天天好，抓好安全最重要；
人人顺达国安泰，千家万户乐开怀。
迎新年赶大集，时刻防盗莫麻痹；
都说今年的收成好，暗处有人惦记着你。
扎紧篱笆防野狗，人人有责正风气。
小朋友放鞭炮，防止火灾来骚扰。
烟花提倡定点放，哑炮最易把人伤。
年年都有意外事，莫用鞭炮开玩笑。
奉劝家长要尽责，预防为主早指导。
年轻人要稳重，走亲访友添感情；
酒分量饮寻常事，酗酒易把横祸生。
醉酒伤身伤感情，并非"敢醉"才英雄。
劝酒要是劝过了头，赔钱还要结冤仇。

大汽车、小轿车，进入百姓好生活。
酒后开车似行凶，莫用一生赌"侥幸"。

"打的"应酬更洒脱，花俩小钱换安宁。

访新友、看旧朋，家家户户乐融融。
说不尽婆婆善良媳妇美，道不尽翁婿多么有感情。
天寒难敌情意暖，常开窗子通通风。
一氧化碳如杀手，造访从来不吭声。

老年人要出门，最好能够有人陪。
天寒地冷意外多，首先穿衣要暖和。
健康是福、安全是喜，岁岁平安是效益。
多吃美味少吃药，谁不说咱有福气。

遇到意外不要慌，人人都愿帮你忙；
自救互救快报警，常用号码要记清。
见义勇为好风尚，小康社会更提倡。

7．安全为天

每当有人问我，谁比天大
我总是昂起头说：安全
安全为天！我们要风和日丽的天
我们要艳阳高照、皓月当空的天
因为万里无云的天空下
安全的路上才能充满鲜花、效益、笑脸
只有责任、警惕和遵守规章才能筑起安全的堤坝
只有打牢了安全的基石
才能使大唐立于强手如林的港湾
一次违章，一次违纪，一次疏忽
就可能点燃事故的导火线
引爆的将是灾难，甚至是家破人亡

缘于一次隐患
一朵曾鲜艳的生命之花
在黑色的日子里
瞬间凋零；别说生命诚可贵
也别说生命只有一次
仅仅亲人那撕心裂肺的哭喊
就给了我们怎样的震撼

母亲失去了儿子
妻子失去了爱人
孩子失去了父亲
何况这至爱的失去是永远、永远
活着的人啊
我们将怎样承受
这生命不能承受之重

如果因小小的疏忽造成大面积停电
想一想手术中的病人吧
想一想因停电失去通风、排水

就可能失去生命的矿工兄弟吧；
失去红绿灯的列车在站台上吼叫
谁能说那困兽般的叫声
不是对违章操作的抗议；
是的，如果有那样的一天
将使制造光明的我们
脸上一片暗淡
带着血的教训和经验走到了现在
回首看一看——没有安全
哪有我们安居乐业的今天
没有安全
哪有我们更加辉煌灿烂的明天

记住吧，千里之堤毁于蚁穴
记住吧，一时的松懈
可能会使你的一切功亏一篑、毁于一旦
那么，就让我们用心血与汗水
织成安全的网，把违章违纪的虫豸剿灭
记住吧，没有规矩不成方圆

记住我们只有做到"三不伤害"
情同手足的工友才能永远露出健康的笑脸
记住吧，零违章就是千千万万的金钱
记住吧，无违章就有快乐、前程似锦的每一天

让我们戴好安全帽、系好安全带、学好安规
弹好安全的琴弦
在规矩中跳快乐的生命之舞
在方圆中跳效益与崛起之舞

8．安全陋室铭

隐患再小，防范先行；
险情虽小，谨慎则灵。
斯是平台，惟吾匠心。
操作不违章，穿戴按规定；
戒烟又禁酒，安全伴君行。
可以平安归，妻儿笑；
无哭声之乱耳，无伤残之疼痛。

9．安全赋

安全，你是什么？
你是踏出家门时妻子的声声叮咛
你是孩子摇动的手臂
你是亲人翘首的眸子

安全，你是什么？
你是出车前仔细的检查
你是面对车水马龙的谨慎

你是贯穿生命始终的责任
安全，你是什么？
你是扑入眼帘的巨幅警语
你是事故图板下血的反思
你是排除安全隐患的火眼金睛

安全，你是什么？
你是警钟长鸣
你是科技保驾
你是事故为零

安全，你是什么？
你是全体员工的心声
你是企业之魂
你是创业之命
你是发展之根

10. 安全连着你我他

选择有时候很无奈
生活中危险时刻存在
每年有多少人挂彩
又有多少生命被掩埋
见证了太多的悲哀
一个个美满家庭的衰败
压抑难耐，心潮澎湃
难到命，才是幸福的主宰
一份报告就可以搪塞
几句话就可以定棺盖
金钱与权利的买卖

那些真相从此不明不白
什么对不对、该不该
现实永远不可能更改
怪只怪自己的轻率
成了安全教育的反面教材
伤残的痛苦理应由自己忍耐
但你却是家人的依赖
事故给他们带来的伤害
会成为你一辈子还不完的债
每当你走上岗位
肩上承担着亲人的等待
千万要安全地回来
延续生活的精彩
生命无可替代
健康是价值的存在
安全的意识形态
是工作中的给氧血脉
规章制度不应成为障碍
严格执行绝不能懈怠

事故总会在你身边徘徊
对无视安全的人很青睐
所以该戴的一定要戴
无论工帽眼镜还是安全带
严谨细致，不开小差
把安全隐患置于身外
不要追求速度有多快
安全和产量理应同等对待
保持适当的工作节拍
执行科学的步骤安排

领导不要把架子摆
上梁不正，下梁一定会歪
安全文化的苍天松柏
需要上下齐心，共同灌溉
让我们的生活充满爱
让一线员工在工作中备受关怀
珍惜现在，编织未来
健康安全是你的铁甲护铠

分神

危险！

七、遇到危险怎么办?

1. 触电怎么办

发现有人触电时,应首先迅速拉闸断电,在来不及切断电源的情况下,可用木方、竹竿等不导电绝缘材料,将触电人与电源线隔开,然后尽快在现场抢救,不间断的做人工呼吸、挤压心脏等抢救措施,并尽快送往医院抢救。

如触电者离插座较近,可拔掉插销

可用干燥的绝缘体做工具,移动触电者脱离电源

对昏迷不醒者,可以用指尖用力掐人中

对呼气浅表者或者停止呼吸者,要立即进行口对口呼吸

2. 高空坠落怎么办

发现有人从高空坠落，要立即向工地负责人报告，需要抬运时，应采用担架，没有担架时，可采用木板或制作简易担架，要特别注意千万不要随意地就抬起伤员，因为伤员的内伤及骨折部位不容易被发现，只有专业医生才能诊断并采取正确的急救措施，一定要避免不正确的抬运造成二次伤害。

3. 毒气中毒怎么办

在地下室、井下施工中有人发生中毒时，绝对不要盲目下去抢救，很多毒气中毒事故的扩大都是由于盲目施救，造成群死群伤事故。正确的施救方法是必须先向下送风，驱散毒气，救助人员必须采取个人保护措施，如佩戴防毒面具等防护措施，方可施救。尤其是进沟渠挖井清淤泥作业时，须严防硫化氢中毒。吸入微量硫化氢气体即可导致人闪电式死亡。一旦发生硫化氢中毒，在无安全可靠施救条件下，切忌盲目施救，严防群死群伤。

4. 煤气中毒怎么办

发现有人煤气中毒时，要迅速打开门窗，使空气流通，或者将中毒者穿暖抬到室外，施行现场急救并及时送往医院。

5. 发生坍塌怎么办

发生坍塌事故，首先撤离危险区域，并应立即向工地负责人报告，有人员被掩埋，在确保不会发生二次坍塌的情况下尽快抢救掩埋人员，不可盲目施救，防止二次坍塌扩大伤亡事故。

对抢救出的掩埋人员，如停止呼吸，在救护人员到来之前，应不间断的做人工呼吸、挤压心脏等抢救措施。

要经常打开门窗通风换气，保持
室内空气新鲜

中毒人会感到头昏，头痛，眼花，耳鸣，
恶心，心慌，全身乏力

将中毒者从房中搬出

拨打 120 急救电话

6. 中暑怎么办

　　长时间高温环境施工作业，会引起中暑。发现有人中暑，应迅速将中暑者转移到凉爽通风的地方，脱去或解松衣服，使中暑者平躺休息，给中暑者和含盐饮料或凉开水，用凉水或酒精擦身；如有头晕、恶心、呕吐或腹泻者，可服用藿香正气水（或胶囊）；对于出现昏倒或痉挛的患者，在将患者迅速移至阴凉处的同时，应尽快用救护车送医院治疗。

7. 发生火灾怎么办

现场发生火险时，对于一般火险，应立即取出灭火器或接通水源扑救，如果发生电火，首先要切断电源，然后用二氧化碳或干粉灭火器进行灭火，来不及用灭火器时，可采用沙土灭火。

当火势较大时，千万不要惊慌失措，要在现场紧急处理的同时，尽快向工地负责人报告，或拨打急救电话，尽量把火灾的损失降到最低。现场无力扑救时，要迅速疏散逃生，不要乱窜和使用电梯逃生，要顺着安全通道走，火势较大产生浓烟时，在浓烟中应采取低姿势爬行。因为火灾中产生的浓烟由于热空气上升的作用，大量的浓烟将漂浮在上层，因此在火灾中离地面30公分以下的地方还应该有空气，因此浓烟中尽量采取低姿势爬行，头部尽量贴近地面。尽量用浸湿的衣物捂住口鼻爬着或贴着地面逃生。身上起火，不可惊慌顺风奔跑，应立即卧倒滚动，避免吸入烟尘窒息。烧伤发生时，应立即用冷水冲洗或进入水池浸泡，防止烧伤面积扩大。切记，除化学烧伤外，不可轻易弄破表皮水泡，防止感染。

一般火险，可使用干粉灭火器灭火

火势较大，正确拨打119

楼房起火时,不能乘普通电梯逃生

逃生时,每过一扇门窗,应随手掩护

火势不大应该披上湿被褥冲出去,
但千万不要披塑料雨衣

在浓烟中逃生,要尽量放低身体

八、你知道这些警示标志的含义吗？

禁止标志

（禁止人们不安全行为的图形标志）

编号	图形标志	名称	说明
1-1		禁止吸烟 No smoking	ISO 3864：1984 No B．1．1
1-2		禁止烟火 No buring	ISO 3864：1984 No B．1．2
1-3		禁止带火种 No kindling	
1-4		禁止用水灭火 No watering to put out the fire	ISO 3864：1984 No B．1．4

续表

编号	图形标志	名称	说明
1-5		禁止放易燃物 No laying inflammable thing	
1-6		禁止启动 No starting	
1-7		禁止合闸 No switching on	
1-8		禁止转动 No turning	
1-9		禁止触摸 No touching	
1-10		禁止跨越 No striding	
1-11		禁止攀登 No climbing	

续表

编号	图形标志	名称	说明
1-12		禁止跳下 No jumping down	
1-13		禁止入内 No entering	
1-14		禁止停留 No stopping	
1-15		禁止通行No thor- oughfare	
1-16		禁止靠近 No nearing	
1-17		禁止乘人 No riding	
1-18		禁止堆放 No stocking	

续表

编号	图形标志	名称	说明
1-19		禁止抛物 No tossing	
1-20		禁止戴手套 No putting on gloves	
1-21		禁止穿化纤服装 No putting on chemical fibre clothings	
1-22		禁止穿带钉鞋 No putting on spikes	
1-23		禁止饮用 No drinking	

警告标志

（提醒人们对周围环境引起注意，以避免可能发生危险的图形标志）

编号	图形标志	名称	说明
2-1		注意安全 Caution , danger	ISO 3864：1984 No B．3．1
2-2		当心火灾 Caution , fire	ISO 3864：1984 No B．3．2
2-3		当心爆炸 Caution , explosion	ISO 3864：1984 No B．3．3
2-4		当心腐蚀 Caution , corrosion	ISO 3864：1984 No B．3．4
2-5		当心中毒 Caution , poisoning	ISO 3864：1984 No B．3．5

续表

编号	图形标志	名称	说明
2-6		当心感染 Caution , infection	
2-7		当心触电 Danger! electric shock	ISO 3864 : 1984 No B. 3. 6
2-8		当心电缆 Caution , cable	
2-9		当心机械伤人 Caution , mechanical injury	
2-10		当心伤手 Caution , injure hand	
2-11		当心扎脚 Caution , splinter	

续表

编号	图形标志	名称	说明
2-12		当心吊物 Caution , hanging	
2-13		当心坠落 Caution , drop down	
2-14		当心落物 Caution , falling objects	
2-15		当心坑洞 Caution , hole	
2-16		当心烫伤 Caution , scald	
2-17		当心弧光 Caution , arc	

续表

编号	图形标志	名称	说明
2-18		当心塌方 Caution, collapse	
2-19		当心冒顶 Caution , roof fall	
2-20		当心瓦斯 Caution , gas	
2-21		当心电离辐射 Caution , ionizing radiation	
2-22		当心裂变物质 Caution , fission matter	
2-23		当心激光 Caution ,laser	

续表

编号	图形标志	名称	说明
2-24		当心微波 Caution , microwave	
2-25		当心车辆 Caution , vehicle	
2-26		当心火车 Caution ,train	
2-27		当心滑跌 Caution ,slip	
2-28		当心绊倒 Caution , stumbling	

指令标志

(强制人们必须做出某种动作或采用防范措施的图形标志)

编号	图形标志	名称	说明
3-1		必须戴防护眼镜 Must wear protective goggles	
3-2		必须戴防毒面具 Must wear gas defence mask	
3-3		必须戴防尘口罩 Must wear dustproof mask	
3-4		必须戴护耳器 Must wear ear protector	
3-5		必须戴安全帽 Must wear safety helmet	
3-6		必须戴防护帽 Must wear protective cap	

续表

编号	图形标志	名称	说明
3-7		必须戴防护手套 Must wear protective gloves	
3-8		必须穿防护鞋 Must wear protective shoes	
3-9		必须系安全带 Must fastened safety belt	
3-10		必须穿救生衣 Must wear life jacket	
3-11		必须穿防护服 Must wear protective clothes	
3-12		必须加锁 Must be locked	

提示标志

（向人们提供某种信息【**如标明安全设施或场所等**】的图形标志）

编号	图形标志	名称	说明
4-1		紧急出口 Emergent exit	GB 10001 NO 21
4-2		可动火区 Flare up region	
4-3		避险处 Haven	

文字辅助标志

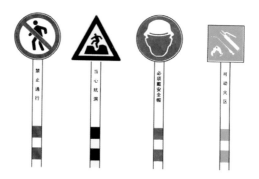

参考文献

[1] 中华人民共和国行业标准.建筑施工安全检查标准 JGJ 59-1999 [S].
    北京：中国建筑工业出版社，1999.
[2] 天津市施工队伍管理站.天津市建筑业农民工丛书·安全篇
[3] 中国建筑第六工程局有限公司.农民工安全教育手册